罗克数学荒岛3 历险记

游乐园大冒险

达力动漫 著

SPM
南方出版传媒

全国优秀出版社
全国百佳图书出版单位　广东教育出版社

·广 州·

国王
帅气，爱打扮，超级自恋狂，已经很帅了，还想要更帅。

Milk
被校长捡回来的笨笨的外星人，没有常识。

校长
小矮子，数学奇才，聪明，但满肚子坏水。

加、减、乘、除
国王的贴身侍卫，总是欢天喜地干蠢事。

目录

城堡新家

游乐园大冒险

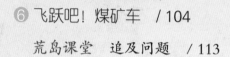

城堡
新家

外星人的新家

这是一个阳光明媚的早晨。小鸟扇动着翅膀在天空中愉快地飞，然后降落在一个漂亮城堡的窗台上，叽叽喳喳地唱起了美妙的歌曲。歌声吵醒了正在睡觉的国王。

国王慢慢地睁开眼睛，他的四个侍卫，加、减、乘、除已经捧着整洁的衣服、洗漱用品和美味的早餐，在床边等着国王醒来。

"国王，早上好！"四位侍卫异口同声地说道。

国王伸了个长长的懒腰，走下床，打开房间阳台的大门，微风轻轻吹过，阳光洒在

他的脸上，国王露出幸福的笑容。

"这里真的太好了，我好像又回到了数学荒岛。"国王看着窗外的摩天轮、旋转木马、过山车等游乐设施，"只是外面的风景和数学荒岛的不太一样。"

原来，他们现在所住的城堡，坐落在一个游乐园里。

除立刻上前，恭敬地给国王递上一杯热茶，奉承道："都是国王英明，我们才能在这里住下来啊。"

国王得意扬扬地说："那当然了，我可是你们的国王，哈哈哈哈！"

咦，数学荒岛的各位怎么突然从罗克家搬到这个游乐园的城堡里了呢？这其中发生了什么有趣的事情呢？让我们一起回到那一天看看吧。

备受困扰的罗克

那天，罗克的家里传出一阵吵闹的声音。

小强在洗手间门口痛苦地捂着肚子，敲着洗手间的门大喊道："花花，快点出来，我……我肚子好痛！"

而花花在洗手间里面慢悠悠地回答："我才刚刚开始洗澡呢，你再等一下吧。"

小强的脸色越来越难看，肚子发出一阵"咕咕"的声音，但他只能强忍着疼痛，话都说不出来，一副惨兮兮的样子。

而另一边的客厅里，罗克正坐在沙发上，聚精会神地看着电视节目《最强数学

大脑》。节目里，主持人问了选手一道数学题："如果73只母鸡在73天里下了73打鸡蛋，而37只母鸡在37天里吃掉了37千克小麦，那么得到1打鸡蛋需要多少千克小麦呢？请回答。"

"哈哈，这道题我会。"罗克一边说着，一边算了起来，"73只母鸡在一天里总共下了1打鸡蛋，而37只母鸡在一天里总共吃掉了1千克小麦，为了得到1打鸡蛋，就必须喂养73只母鸡一天的饲料，所以需要 $\frac{73}{37}$ 千克小麦——比2千克稍微少一点。"

罗克的话音刚落，电视上的选手也算出了跟罗克一样的答案。罗克得意地说："果然没错，嘿嘿！"

这时，依依拿着她的抹布来到客厅，开始擦拭摆放在罗克面前的茶几，刚好把罗克的视线完全挡住。罗克无奈地把头歪到右边继续看，这时依依擦到了茶几的右边，视线再次被挡，罗克只好把头歪到左边继续看，

依依又擦到了茶几的左边。总之，罗克往哪边看，依依就挡在哪边。

罗克忍无可忍地说："依依！你能不能等一下再擦？你挡住我看电视了，马上就要到最后最精彩的一题了！"

依依不满地看着罗克，拿起手中的抹布，狠狠地说："再说话，我就擦到你脸上去！"

罗克害怕又无奈地捂住了嘴巴，摇摇头，不敢再有意见了。依依放下抹布，继续

擦茶几，罗克只能不停地左右摆头，躲开依依的遮挡，聚精会神地看着电视，等待最精彩一刻的到来。

主持人开始提问最后一道题："小帆与小文打算比一比骑车速度，但他们只

有一辆自行车，所以只好在一条平路上分别计时骑车。小帆从1千米处骑到12千米处，小文坐在自行车后座计时；然后在同一条路上，小文从12千米处骑到24千米处，小帆则坐在自行车后座上计时。最后，小帆轻松取得胜利。如果两个人的体重大概一致，除了小帆骑得比较快，还有别的什么原因呢？请回答。"

"呃……是什么原因呢？"罗克一时之间也被难住了，他托着脑袋，认真地思考起来。突然，他灵机一动，想到了答案：太简单了！从1千米处到12千米处，距离只有11千米；但从12千米处到24千米处却有12千米。小帆骑行的距离本来就比小文短，即使两人速度相同，小帆用时也会比小文少。

"让我看看我最支持的这个选手能不能答对。"罗克盯着电视，紧张地等待主持人公布正确答案。

就在这时，电视画面突然一转，变成了

其他电视台的歌唱比赛节目。

罗克生气地问道："什么情况？谁转了我的台？"

只见国王拿着遥控器，躺在沙发的另一边，看着电视说："《我是歌星》开始了！"

"我还在看呢！"罗克眉头一皱，一把抢过国王手中的遥控器，快速转回原来的节目。

国王也不甘示弱，又一把夺回遥控器，说道："你已经看很久了！"

"那又怎样呢？"罗克不服气，再次伸手去抢。

"所以现在应该轮到我看了！"国王死死拽着遥控器不松手。

罗克反驳道："什么？这是谁规定的？"

就这样，两人互不相让，电视屏幕上，两个节目不停转换。

点数与列式计算

学习数学从掰着手指头或者指着物品从头到尾一个个数数开始，这些一个个数、一个个物品可以抽象为一个个点，所以我们把这种数数的方式叫点数。学习加法和减法之后在一些计数问题上用列算式的方法会快一些。可是数数与列算式得出的结果经常会相差"1"，如果没计算清楚，这个"1"就会变成大麻烦。

用数数方法数1至12：1、2、3、4……12，共12个数；

用数数方法数12至24：12、13、14……24，共13个数。

减法：12-1=11，24-12=12，都少了1。

所以列算式尾减头要再加1。

12-1+1=12，24-12+1=13，这样数数的方法和列算式的方法得到的答案就一样啦。

这样的问题在生活中经常出现，试试解答下面的问题，找找原因和规律吧。

例题

奶奶说会在我家住一段时间的，从7月5日到7月31日会一直陪伴着我和弟弟，问奶奶会在我家住多少天？

方法点拨

可以一天天数，从7月5日数到7月31日，数头又数尾。也可以用"尾-头+1"的方法列式计算31-5+1=27（天）。

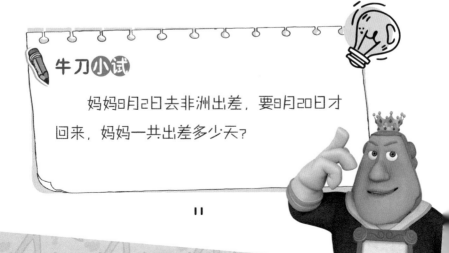

牛刀小试

妈妈8月2日去非洲出差，要8月20日才回来，妈妈一共出差多少天？

电视争夺战

　　一旁的依依被国王和罗克的电视争夺战吵得头昏眼花，终于忍无可忍地对着两人大喊道："你们两个给我安静！"

　　罗克和国王被依依的声音吓得立刻停了下来，一副敢怒不敢言的样子。

　　依依一把抢过他们手中的遥控器，说道："吵什么吵，我帮你们想办法解决。"

　　罗克和国王疑惑地问道："什么办法？"

　　依依摆弄着手中的遥控器，说："简单，我问你们一个数学问题，你们谁能最快说出正确答案，谁就可以拥有今天电视的控

制权。"

罗克一听,这个办法对自己太有利了,他得意地举手同意,说:"这个办法好,我赞成!"

但是,国王却不情愿地说道:"我……我不赞成,为什么……"

国王的话还没有说完,罗克就立刻打断他,故意说:"怎么?你身为堂堂数学荒岛的国王,还担心输给我不成?"

罗克的激将法很奏效,国王立刻反驳道:"怎么可能?我怎么可能会输?依依,你出题吧!"

"那好,你们听清楚了。"依依开始提问,"小帆正在环形跑道上进行自行车比赛。骑行几个小时后,在他前面的参赛者的五分之一,加上在他后面的参赛者的六分之五,就是参加这次比赛的总人数。请问这次比赛一共有多少人参加?"

"等等,你再说一次,我不是很明白题

目的意思。"听完题目后，国王一脸疑惑。

罗克思考了片刻，自信地举手回答："我知道了！答案是31人。"

国王看着罗克，惊讶地说："这么快？肯定是胡乱猜测的吧。你以为这么容易猜对呀？"

但依依点点头，说："没错，答案就是31人。"

"你是怎样计算出来的呢？"国王很不服气。

"一点都不难呀。由于跑道是闭合的环，在小帆前面的参赛者也是在他后面的参赛者，所以这两个分数各乘除小帆之外的所有参赛者人数，都应得到整数。"

罗克拿起平板，在上面写下算式：

$$\frac{1}{5} + \frac{5}{6} = \frac{31}{30}$$

罗克接着说："从这个等式就可以看出，小帆看到了30名对手，所以参赛者共有

31人。"

国王听完罗克的解法后无话可说，情绪低落地坐在沙发上。而依依则把遥控器交给了罗克。

"太好了！嘿嘿。"罗克连忙换回刚刚看的电视节目。

谁知，节目刚好播完，只听主持人说："本期节目到此结束，我们下次再见！"

"啊！为什么会这样？"罗克很失望，整个人瘫倒在沙发上，一副欲哭无泪的样子。

国王愉快地拿起遥控器，转到他喜欢的《我是歌星》。

依依继续擦拭着其他家具，口中还念念有词："太脏了，太脏了！"

洗手间则传来小强和花花为争抢厕所而发出的吵闹声。

小强拍着门喊道："花花，求……求求你快出来吧。"

花花不耐烦地回应："好了，好了，别吵了！我洗得差不多了！"

而厨房里面，加、减、乘、除四人把一坨不知道是什么的东西放进了微波炉，微波炉开启几秒之后，突然发出"砰"的一声巨响，一股黑烟从厨房里面冒出来。加、减、乘、除满脸焦黑地走出厨房，其中一人手中还捧着一个黑漆漆的东西。

罗克惊讶地问道："这是什么？"

除悲伤地说："这是我们打算做给国王吃的蛋糕……"

罗克震惊地张大了嘴巴，下巴都要掉到地板上，他今天实在是受到了不少的打击。

罗克身心疲惫地想着：这样下去可不行啊，我一定要找个地方重新安置他们。但是……去哪里找呢？

突然，罗克灵机一动："有了！"

分数应用题

依依在问题中用到五分之一、六分之五这样的数，我们把几分之几这样的数叫作分数，分数的出现解决了在整数集里除法不能实施的问题，比如 $2 \div 3$ 的商在整数范围内不能表达，是一个循环小数，但学习分数后，$2 \div 3$ 的结果就可以用一个分数 $\dfrac{2}{3}$ 来表示。

例 题

小帆正在环形跑道上进行自行车比赛。骑行几个小时后，在他前面的参赛者的五分之一，加上在他后面的参赛者的六分之五，就是参加这次比赛的总人数。这次比赛一共有多少人参加？

解法一：

这道题的突破口在于赛道是闭合的环，即在小帆前面的参赛者也是在他后面的参赛者。我们可以设参赛总人数为x，则：

$$\frac{1}{5} \times (x-1) + \frac{5}{6} \times (x-1) = x$$

$$\frac{x}{x-1} = \frac{31}{30}$$

解得$x=31$，即小帆看到了30名对手，参赛者共有31人。

解法二：

虽然已知条件是分数，但这个问题也可以用公倍数知识来思考。因为参赛人数一定是正整数，所以可以确定小帆看到的总人数应该是5和6的公倍数。接下来思考，为何是前面的参赛者的$\frac{1}{5}$加

上后面的参赛者的 $\frac{5}{6}$，而不是总人数的 $\frac{1}{6}$ 加上总人数的 $\frac{5}{6}$。结合这两点思考，小帆看到的人数为5和6的最小公倍数30，所以加上小帆本人，参赛者一共有31人。

牛刀小试

荒岛小学男生占全校人数的 $\frac{4}{9}$，男生比女生少60人，你能求出荒岛小学一共有多少个学生吗？

地球人眼中的外星人

第二天早上，在小镇繁华热闹的街道上，罗克和UBIQ领着国王、花花、依依、小强、加、减、乘、除，一行人浩浩荡荡地前进着。

国王疑惑地问道："罗克，你要带我们去哪里啊？"

罗克自信地回答："国王，我听说附近有一座城堡，我猜你一定会喜欢。"

国王却用怀疑的语气说："真的吗？我对城堡的要求可是很高的哦。"

罗克拍了拍胸口，说："放心，我保证

你一定满意。"

看到罗克信誓旦旦的样子，国王顿时十分期待，连忙喊道："那我们快点出发吧！"说着，他拿起哨子"哔——哔——哔"地吹了几下，下令道："报数！"

只见花花、依依、小强、加、减、乘、除等人迅速地排成一排，一个接一个地报数："1、2、3、4、5、6、7！"

国王很满意，继续下达命令："抬头挺胸，鼓起士气！"

路上的行人看着他们几个怪人一脸疑惑，纷纷小心翼翼地避开他们。

罗克觉得很丢人，连忙上前阻止国王，"我们这样太招摇了。"

国王不明白，问："为什么？这样不是很威风吗？"

罗克尴尬地说："这样别人会笑话的。"

国王不开心地停下来，故意大声喊道："笑话？谁敢？"

这时，路过的行人开始好奇地过来围观，大家窃窃私语。国王偏着头，认真地听着路人的话。

一个路人问旁边的同伴："这些是什么人？样子好奇怪。"

同伴看着加、减、乘、除强壮的身体和统一的服饰，说："会不会是新来的保安呢？"接着她又看了看花花、依依和小强，"怎么还有小孩子？"

听到这里，国王自豪地走到那两个路人

的面前，开始自我介绍："我是数学荒岛的国王，是不是很帅？想不想加入我们的队伍呢？"

两个路人被国王突如其来的搭讪吓到了，大喊一声"哎呀"，撒腿就跑。

一旁的花花一脸崇拜地看着国王，由衷地赞叹道："爸爸，你好威风啊！你看，那些地球人都怕你了！"

国王骄傲地昂起头，一脸得意。

罗克无奈地摇了摇头，"唉！真想假装不认识他们。"

突然，一块抹布扔在了罗克的脸上。

"哎哟！"罗克扯下抹布，"依依，你就不能温柔点吗？"

依依恶狠狠地看着罗克说："谁让你说不认识我们？"罗克连忙解释："我开玩笑而已嘛！"

这时，国王来到他们面前，催促道："好了好了，别吵了，我们快去看城堡吧。"

等差数列求和问题

如果花花、依依、小强、加、减、乘、除排成一列按1、3、5、7、9……这样报数，相邻两个数的差都是2，像这样相邻两个数的差都相等的数排成一列，我们称为等差数列，学习数学时经常会遇到等差数列求和的问题。

高斯算法

德国著名数学家高斯小时候上数学课，有一次他们班课堂纪律特别差，为了让学生们安静下来，高斯的老师布特纳出了一道长长的计算题：求1+2+3+…+98+99+100，原本以为学生们要计算很长时间，没想到小高斯很快说出了答案，老师不相信高斯这么快能算出正确答案，以为他是随便说的。但小高斯非常清晰地说出自己的算法：1+100=101，2+99=101，…50+51=101，这样得数为101的算式一共有50组，所以50×101=5050。

　　小高斯计算的1+2+3+…+98+99+100，相邻两个数都相差1，所以这是一个等差数列，小高斯在计算等差数列的和时用了配对法，即第一个数和最后一个数配对，第二个数和倒数第二个数配对……如下图所示：

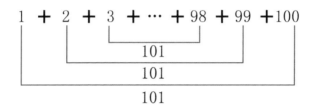

$$1 + 2 + 3 + \cdots + 98 + 99 + 100$$

101
101
101

牛刀小试

　　计算1+3+5+7+9+11+…+99。

破旧的游乐园

罗克带着国王、花花等人来到一座破旧的游乐园门口。这是一个已经停运的游乐园，里面摆放着各种破损、残旧的游乐设施。

罗克兴奋地介绍道："我们到了！城堡就在这里！"

国王、花花等人一脸嫌弃地看着眼前这个游乐园。花花捂着鼻子，抗议道："啊！好丑好脏，爸爸，我不要住在这里。"

国王也质疑道："罗克，你不是开玩笑吧？我堂堂国王怎么能住在这里？我要住的

是城堡啊！城堡！"

罗克淡定地回答道："这里真的有一座城堡，你们相信我吧！"

依依拿起手中的抹布瞪着罗克说："如果你敢骗我们，小心你的脸！"

罗克瑟瑟发抖，一边快速走进游乐园，一边回头说："知道了，知道了！你们跟我来吧！"

众人只好半信半疑地跟着罗克一起走进游乐园。

罗克走在前面给大家介绍："这里是一个荒废很久的游乐园，有旋转木马、摩天轮、八爪鱼、过山车……"

国王、花花等外星人从来没见过游乐园，都被这些游乐设施吸引住了。

花花跑到旋转木马前，兴奋地大喊起来："大家看！这匹马简直跟我梦中的王子骑的马一模一样！"

国王、花花等人一人坐着一匹木马，开心地玩了起来。

花花兴奋地大喊："驾！驾！驾！快点！快点！"

依依也跟着大喊起来："呦呵！"

只有小强紧紧地抱住木马的头部，闭着眼睛害怕地喊着："不要这么快啊！我好害怕！"

罗克心想：游乐园早已废弃，按理说游乐设施没有电是没法运转的。他疑惑地问道："这……这……旋转木马怎么自己转起

来了？"

国王哈哈大笑，得意地说："我是国王，我命令它转，它就要乖乖听话。来，转得再快点！"

"是，国王！"旋转木马后面传来加、减、乘、除的声音。

罗克循着加、减、乘、除的声音看过去，原来是他们四人在推动旋转木马的转盘，让旋转木马越转越快。

罗克揶揄道："哇！长见识了，原来旋

转木马是这样转的啊！"

花花转到罗克面前时大喊："你要不要一起玩啊？好好玩呀！

"对呀，好刺激啊！"依依附和道。

罗克一脸无奈，说："你们忘记今天的任务了吗？"

可是，国王等人已经玩得忘乎所以，什么都不记得了。

国王疑惑地问："任务？什么任务啊？"

罗克大声地喊道："我们是来找城堡的！"

国王这才醒悟过来，大喊："对哦！停！停！停！马上给我停！"

加、减、乘、除四人听到指示后，立刻停下旋转木马。谁知旋转木马虽然停住了，但由于惯性，坐在上面的国王、花花、依依、小强四人却被甩了出去。

被狠狠甩在地上的依依和花花慢慢地爬起来。"哎哟！疼死我了！怎么突然停下来了？"依依抱怨道。

花花四处张望，紧张地问："爸爸呢？"

罗克抬起头一看，发现国王被甩到了高高的摩天轮上，只见他两只手紧紧地抓住摩天轮边缘，不让自己掉下来。

"加、减、乘、除，你们敢把我甩上天，等我下来你们就惨了。"国王生气地大

喊道。

这时，国王感觉双脚有点沉，低头一看，原来是小强的鼻涕粘住了他的脚。小强晃晃荡荡地吊在半空中，哭着说："国王，别……别动……我害怕！"

国王对着小强怒吼："哭哭哭，就知道哭，留点力气喊救命吧！"

于是两个人异口同声地大喊起来："救命啊！救命啊！"国王、小强的呼救声传遍了整个游乐园。

加、减、乘、除一边向摩天轮跑去，一边提心吊胆地喊道："国王，我们来救你了！你可要抓紧啊！"

这时，吊在摩天轮上的国王在高空中四处张望，看到不远处有一座城堡，这座城堡跟数学荒岛的非常像。

国王顿时满意地称赞道："哇！原来那就是城堡！我觉得住在游乐园也不赖嘛！"

花花连忙问："爸爸！城堡在哪里？在

哪里？"

国王一时高兴，指着城堡的方向，说："就在那边啊！"而这时，由于国王松开了一只手，另一只手不堪重负，他和小强双双往下掉落。两人大声喊道："救命啊！"

说时迟那时快，加、减、乘、除迅速在地上张开一个大大的气垫，接住了他们，两人在气垫上上下反复弹跳了几次后，终于安全落地了。

看到国王和小强安全落地，罗克松了口气，连忙提醒大家出发："城堡就在前面了！"

国王一脸兴奋，高举双手喊道："出发！"

求圆的周长

摩天轮和旋转木马都是圆形的，说到圆，我们先来了解圆的三个最基本问题：

1. 围成圆的曲线的长叫作圆的周长。

2. 量圆的周长有三个方法：绕线法、滚动法、软尺法。

3. 计算圆的周长一定会用到圆周率 π 。

★圆周率小贴士：约1500年前，中国有一位伟大的数学家和天文学家祖冲之。他计算出圆周率应在3.1415926和3.1415927之间，成为世界上第一个把圆周率的值精算到7位小数的人。他得出这项伟大成果的时间比国外数学家至少要早一千年。

现在人们用计算机算出圆周率的数值，小数点后面已经达到上亿位，$\pi \approx 3.1415926535\cdots$

圆周长计算公式：周长＝直径×π（π通常取近似数3.14）

如上图，圆的半径 r 是2厘米，所以圆的直径是4厘米，周长为4×3.14=12.56（厘米）。

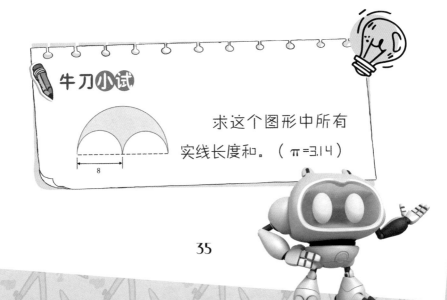

牛刀小试

求这个图形中所有实线长度和。（π=3.14）

8

进入城堡大门

罗克带着国王、花花等人走过护城河上的小桥，不一会儿就来到了城堡门口。众人仰头看去，朱红色的大门、厚重的城墙、高耸的楼阁映入眼帘。这座城堡虽然有点破旧，但很壮观。众人都不自觉地发出了赞叹的声音："哇！好壮观的城堡啊！"

国王一边赞叹着，一边走上前去想推开城堡的大门，但是无论他怎么用力，大门都一动不动地紧闭着，国王只好命令加、减、乘、除："你们，给我撞开它！"

加、减、乘、除立正敬礼，异口同声

说："是！"

说着，四人退后几步，然后助跑一段冲向城堡大门，谁知大门仍紧紧关着，稳如泰山，而加、减、乘、除却被冲力反弹，摔倒在地上，疼得哇哇直叫。

国王看着倒在地上的四人，生气地说道："看来你们平时锻炼还是不够，从明天开始，每个人跑500圈！"

加吃惊地反驳说："国王，我们一向都是每天跑500圈的。"

国王想了想，说："呃……那就每人再加500圈！"

小强疑惑地问道："我突然想到一个问题，如果加跑500圈需要60分钟的话，那加、减、乘、除按同样的速度，在同一条跑道上，同时跑500圈，一共需要多长时间呢？"

花花自信地回答说："这很简单，不就是60分钟乘4，等于240分钟咯！这都不会。"

罗克听了花花的答案后无奈地笑了笑，

纠正说："不不不，4个人也只需要60分钟，只要在不同的起跑点同时起跑就可以了。"

"我只是一时没想到嘛，哼！"花花有些尴尬地反驳。

"好了，好了，我们快想办法打开这扇大门吧！"国王担心他们吵起来，急忙出声提醒大家。

依依看着城堡大门，心里越来越难受，终于忍无可忍地说："这里真是太脏了！真受不了啊！"说着，依依开始拿起抹布擦拭大门。

罗克吐槽道："你也太爱干净了吧。"

这时，被依依擦干净的大门上露出一个密码锁，依依疑惑地问："大家快来看，这是什么？"

众人马上凑过去围观，只见这个密码锁上面是一个屏幕，下面是0至9十个阿拉伯数字。

密码锁上的屏幕突然亮了起来，上面出现一段文字，原来是一道数学题：开门的密

码是一个四位数，它没有重复数字，并且能同时被1、2、3、4、5、6、7、8、9整除。这个数字是多少？

"所以说，答对这道题目，就可以打开这扇大门了？"依依问。

"看来是这样。"小强点点头，说。

国王自信满满地走上前，干咳了几声，说："看来非得我出马才行了，让你们好好看看我的厉害。"他凑上前，认真地看着题目，表情慢慢地从得意变为尴尬，迟迟说不出答案。

花花在一旁满怀期待地说："爸爸肯定已经算出答案了，是不是啊？"

国王支支吾吾地回答："这……这……这答案我肯定知道，不过我想考考罗克，看他会不会。"

罗克笑了笑，揶揄道："国王，我怎么好意思抢你的威风呢？"

国王没好气地说："少啰唆，快点答

题，把门打开要紧。"

罗克一脸得意地说："唉，跟你们说了要好好学习数学。别一到关键时候还得我出马。"

依依不耐烦地催促道："别说废话，快解题吧！"

罗克淡定地回答："答案是7560。"

国王听到后马上接话："嘿嘿，我算的也是这个答案，不过，罗克你是怎样算出这个数字的啊？不会是乱猜的吧？"

罗克自信满满道："看我们的！"说着，UBIQ变成平板电脑飞到罗克的手中，显示出罗克的解题过程。

"你们听好了，这个数字是1、2、3、4、5、6、7、8、9的一个公倍数。这九个数字的最小公倍数是：$5×7×8×9=2520$。2520是四位数，但是它有重复数字，不符合条件。四位数中，还有两个是2520的倍数，分别是5040和7560，其中只有7560不含重复

数字。因而这个密码数字是7560。"罗克的讲解一气呵成。

依依、小强、花花一边认真地听着，一边点头，好像明白了罗克的解题思路。

国王走到大门的密码锁面前，嘴里念念有词地输入密码："7560。""轰隆"一声，大门开启，国王兴奋地转身，对众人说："门开了，你们可不要佩服我哦！"

加、减、乘、除异口同声地恭维道："国王，您真谦虚！"

国王得意扬扬地回应："那当然，不然你以为我这个国王怎么当的啊？"

说着，国王在门口小心翼翼地将头探进城堡，左看看，右看看。城堡里面漆黑一片，国王有点害怕，但大家都在后面看着，他不好意思退缩，只能壮着胆子走进了城堡。

国王身后的小强瑟瑟发抖地说："好可怕啊！我能不能不进去啊？"

依依转动着手中的抹布，一脸鄙视地说："你说呢？"

花花一脸嫌弃地说道："小强，你这个胆小鬼，什么时候才能变得和我一样勇敢啊？"说完，花花迅速地爬到了加的肩膀上。

小强不服气，反驳道："那你干吗爬到加的肩膀上？"

花花昂着头说："我怕弄脏了我的漂亮衣服。哼，加，让小强先进去，我们在后面保护他。"

加立正回答："是！"然后推着小强进入城堡，完全没有理会小强拒绝的呼喊声。

罗克、依依等人一脸无奈地跟在后面，一起进入城堡。

公倍数与最小公倍数

开门密码竟然可以用公倍数知识来解决。其实公倍数知识能解决的问题很多，让我们一起来了解一下公倍数和最小公倍数的知识吧。

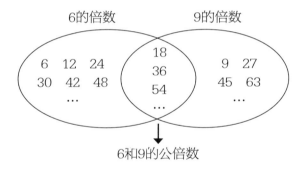

6和9的公倍数

几个数公有的倍数，叫作它们的公倍数，上图中6和9公有的倍数有18、36、54……公倍数里最小的18叫作6和9的最小公倍数。通常先求出最小公倍数，然后用最小公倍数乘1、乘2、乘3……就求出多个公倍数，所以公倍数有无数个。

怎样求最小公倍数？

枚举法：

先按从小到大的顺序列举各个数的部分倍数，再找公倍数。

例如6的倍数有：6、12、18、24……

9的倍数有：9、18、27……

18是第一个公有的倍数，即6和9的最小公倍数。

这个过程也可以用上图表示。

短除法：

比如求30和45的最小公倍数，见下左图。

3	30	45	用公有的质因数3去除
5	10	15	用公有的质因数5去除
	2	3	除到两个商是互质数为止

30和45的最小公倍数是3×5×2×3=90。

开门的密码是一个四位数，它没有重复数字，并且能同时被1、2、3、4、5、6、7、8、9整除。这个数字是多少？

这个密码能同时被1、2、3、4、5、6、7、8、9整除，说明这个密码是这九个数字的公倍数。

$8=2\times2\times2$

$9=3\times3$

8的倍数一定是2、4的倍数，9的倍数一定3的倍数，8×9的倍数一定是6的倍数，所以$5\times7\times8\times9=2520$是这九个数的最小公倍数，2520是四位数，但是有重复数字（2出现两次），不符合条件。四位数中，还有两个是2520的倍数，分别是5040和7560，其中只有7560不含重复数字。因而这个密码数字是7560。

为了奖励三个兴趣小组的同学，老师买了一些棒棒糖做奖品，老师大约买了200根，但不会超过200根。这些棒棒糖如果只分给甲组，则甲组每个同学可分得20根；如果只分给乙组，则乙组每个同学可分得15根；如果只分给丙组，则丙组每个同学可分得12根，问老师一共买了多少根棒棒糖？

藏在城堡里的怪物

　　一间漆黑房间的大门被慢慢推开，发出"吱呀"的声音。国王刚将头探入房间，就被蜘蛛网罩住了脸。国王一边惊呼，一边手忙脚乱地抹自己的脸，"呀，什么东西啊？这里好黑啊！"

　　罗克和UBIQ跟着国王走了进来。罗克边走边说："UBIQ，快变成手电筒吧！"UBIQ一跃而起，变成手电筒落在了罗克的手上，光芒照亮了前方。

　　随后，小强、花花、依依等人也跟着走了进来。

这里好像是一个客厅，四面的墙壁上挂着各种有趣的装饰画，其中一面墙壁下还有一个旧式的大火炉。客厅中间摆放着陈旧的沙发和茶几，还有武士盔甲、电视机等物品。

国王一边在客厅四处查看，一边满意地说："嗯，旧是旧了一点，但跟荒岛的城堡差不多，打扫一下勉强可以……哎呀！"

突然，国王被地上一条突然伸出来的长尾巴绊了一下，摔倒在地上。

"什么东西？是什么东西偷袭我？"被吓坏的国王连忙爬起来，跳到武士盔甲上，

紧紧抱着满是灰尘和蜘蛛网的武士盔甲，身体止不住地颤抖。

这时，国王的背后传来小强的声音："啊！好可怕啊！是什么？是什么？"国王转头一看，只见小强以同样的姿势挂在他的背上。

"小强，你在我背上干吗？"国王问道。

小强哆哆嗦嗦地回答："我害怕！"

国王怒吼道："快给我下去！"

小强只好瑟瑟发抖地从国王的背上慢慢滑下去。

罗克疑惑地说道："没有什么东西呀，国王，你是不是自己吓自己啊？"

国王环顾四周，然后从武士盔甲上跳下来，小心翼翼地贴墙站着。突然，国王，被墙上挂着的一幅画吸引了注意力，他认真地欣赏起来，画里一个尊贵的妇人抱着一只像鳄鱼又像狗的动物，整幅画透着一种诡异的气息。

国王点评道："这幅画还不错呀，配得上我高贵的气质，就是……这是狗还是鳄鱼？"

这时，画里动物的眼珠转了转。

国王疑惑道："咦，这东西的眼珠子为什么会转啊？"他揉了揉眼睛，"难道真的是我眼花了？"

突然，画里的动物像狗一样朝着国王狂吠了几声："汪！汪汪！"然后从画框里跳了出来，冲向国王，把他扑倒了。

国王惊呼："呀！这是什么怪物啊！救命啊！"

花花、罗克、依依等人连忙跑过去。

花花对加、减、乘、除大喊："快救我爸爸！"

加、减、乘、除四人马上冲向国王，但那只动物毫不示弱，凶恶地朝着四人咆哮。它体形健壮，张牙舞爪，非常吓人。加、减、乘、除面面相觑，不敢向前一步。

罗克定睛一看，急忙对国王喊道："国王，小心！这是鳄狗，很凶猛的！"

国王大惊，捂着脸大喊："哇！不要啊！鳄狗，你千万别咬我的脸，我全靠这张脸吃饭的！"

花花、依依、罗克一脸无奈。花花急忙说："爸爸，这个时候你还担心这个？"

被扑倒在地的国王抓狂地喊道："你们在等什么？快来救我啊！哎呀……别……"鳄狗低下头，伸出舌头不停地舔国王的脸，弄得国王一脸口水，国王挣扎着大喊："别舔我！别舔我！"

这时，加、减、乘、除悄悄拿起旁边的

棒球棍、流星锤、木椅子等，一步一步走近鳄狗。鳄狗反应过来，一跃而起，扑向加、减、乘、除。四人见鳄狗迎面扑来，连忙向侧边闪开，结果鳄狗扑向了原本站在加、减、乘、除后面的小强。

小强吓得眼泪和鼻涕狂喷出来，拼命摇头大哭道："不要咬我！不要咬我！"摇头的时候，小强的鼻涕乱飞，众人不停躲避，只有鳄狗多次被小强的鼻涕击中，最后发出可怜的低鸣声，倒在地上。

依依不由得发出感叹："哇，小强，你

的鼻涕好厉害啊！"

听到依依的夸赞，小强喜出望外，"依依，这可是你第一次称赞我，我好开心啊！"说着，小强高兴地想要抱住依依，却被她嫌弃地推开，"走开啦，小心你的鼻涕！"

这时，鳄狗却站起来对着依依凶猛地吼叫：" 汪！汪汪！"叫了几声后又马上对着小强露出可爱乖巧的表情，发出小奶狗般的声音，还在小强的身边蹭来蹭去，一副求抚摸的样子。

小强小心翼翼地伸出手抚摸鳄狗的脑袋安抚道：" 乖……"鳄狗马上转身，肚皮朝上，躺在地上，示意小强抚摸自己的肚子，样子非常可爱。

众人惊讶地看着这一幕，罗克笑道："看来这只鳄狗很听小强的话哦。"

小强脸上绽放出笑容，开心地说："太好了！有了它，以后就没人敢欺负我了，哈哈！"

花花却一脸不屑地说："先别得意，想养它还得经过我爸爸的同意！"

小强醒悟，立刻恳求国王："国王，我能不能养这只可爱的鳄狗？"

国王摇头摆手，坚定地说："当然不行，想都别想。"

被拒绝的小强眼泪汪汪，马上就要哭出声来，鳄狗看到小强这么难过，马上张口对着国王示威，一口咬住国王的手掌。

国王又痛又怕，拼命甩手，用发抖的声音说："走……走开……"

小强继续恳求道："国王，你快答应我吧，答应了它就不会咬你了。"他又转头对鳄狗说："你先松开国王。"鳄狗果然慢慢地松开了嘴巴。

然而国王眼珠一转，灵机一动，说："这样吧！我出一道数学题，如果你答对了，我就同意你养它；如果你答错了，就让这只鳄狗永远从我面前消失！"

小强看了看鳄狗，又看了看罗克，认真想了想，答应道："好！国王，你可要说话算话！"

国王一脸高傲地说："我可是国王，一言九鼎！那你听好了，我要出题了。一条铁路连接两座城镇，每小时有一列火车整点从一座城镇出发开往另一座城镇。所有的火车以同样的速度匀速前进，全程需要5小时。那么一次行程中，一列火车会遇到多少列火车？"

国王说完题目后，小强立刻用求救的眼神定定地看着罗克。

罗克疑惑道："小强，你看着我干吗？"

小强说："罗克，这么简单的题目肯定难不倒你吧。"

罗克自信满满地回答："那当然了，我已经算出结果了，就是……"

国王连忙打断罗克："等一下，这道题我是问小强的，其他人不能代替回答。"

罗克尴尬地看着小强，有些为难地说："这可怎么办呢？这样吧，我给你一点提示，你自己算吧。UBIQ！"罗克刚说完，UBIQ变成平板电脑飞到他手中。平板电脑的屏幕显示着一列火车出站时，遇到迎面进站的火车；当这列火车到达终点进站时，遇到正驶离站台的另一辆火车。

罗克开始给提示："当我们的火车开出站台的时候，正迎面进站的火车是遇到的第一列火车；当我们的火车到达终点站时，正

驶离站台的火车是遇到的最后一列火车。而途中，我们每隔半小时会遇到一列火车，也就是说途中共遇到9列火车。所以……"

听完罗克的提示，小强恍然大悟，说道："我知道了，答案是总共遇到11列火车。"

国王无奈地叹了口气，点头说："既然你答对了，那我就让你收养它吧。但是……"国王郑重其事地接着说，"你一定要好好照顾它，对它不离不弃，做一个负责任的好主人。"

小强连忙点头答应："没问题！我一定会好好照顾它的！"说着，小强和鳄狗高兴地拥抱在一起，"这下好了，我在地球有新朋友了。我给你起个名字吧，叫什么名字好呢？"

花花在一边插嘴道："叫它'胆小鬼'好了，反正主人也是这么胆小。"

鳄狗顿时不开心地朝着花花一阵狂吠，吓得花花马上躲在国王后面求救："爸爸

救我！"

国王安抚好女儿，又想了想，说："我看，不如就叫多利吧！"

小强认真地重复着这个名字："多利？多利，多利，好听！"

鳄狗也开心地围着小强打转，似乎很满意这个新名字。

罗克问道："国王，你是怎样想到这个名字的？"

国王指着鳄狗的牙齿，害怕地回答："啧啧啧，你看看它的牙齿多锋利啊！这个名字最适合它了。"

鳄狗听到后，不满意地跳了起来，想要咬国王的手，以表示抗议。

国王吓得把手缩回来，大喊："哎呀呀！脾气真差！好了，我们就在这里住下吧！"

众人欢呼："太好了！"

花花、依依互相推搡，争先恐后地向城堡里的其他房间冲去。

花花大呼："我要挑最好的房间！"

依依不甘示弱地回应："切，先到先得！"

罗克看着大家开心地选房间，脸上露出了笑容，长舒了一口气，"呼！我终于解放了！"

列车相遇

　　思考问题是一个唤醒旧知，激发新思考的过程。解决行程问题一定会用到路程、速度、时间三要素，当条件不够的时候，还需要合理假设一个数据或者一个字母作为附加条件帮助理解。

例 题

　　一条铁路连接两座城镇。每小时有一列火车整点从一座城镇出发开往另一座城镇。所有的火车以同样的速度匀速前进，全程需要5小时。那么一次行程中，一列火车会遇到多少列火车？

方法点拨

方法一：假设法

这里没有告诉我们列车开出的时间，我们可以假设这列火车是在13点开出的，且刚好遇到一列火车，那么它遇到的第一列火车是13-5=8点从对面车站开出的。这列火车最后遇到的那列火车是13+5=18点开出的。8点到18点，每隔一小时就一列火车从另一座城镇开出，所以18-8=10（列），因为在刚开出和最后进站遇到的火车都要算，联想到植树问题中两端都植树的情况，所以这列火车共遇到11列火车。

方法二：行程问题

前后两列火车相距一个小时的路程，所以这列火车每半个小时会遇到一列迎面而来的火车，这列火车走完全程要5小时，所以5÷0.5=10（列），再算上火车开出站台的时候正遇到的迎面进站的第一列火车，所以总共遇到11列火车。

牛刀小试

汽车去甲地的速度是每小时120千米，回来的速度是每小时80千米，那么汽车往返的平均速度是多少？

校长的鬼主意

聪明又狡猾的校长已经安静了很长一段时间，但他并没有销声匿迹，也没有痛改前非。校长在实验室里不耐烦地来回踱步，喃喃自语："只要有罗克那群家伙在，我统治世界的计划就不会顺利。"

一旁的Milk跟在校长身后，学着校长的神情和动作来回踱步。

校长背着手，Milk也跟着背着手，校长自言自语："我要给罗克他们一个教训，让他们以后再也不敢和我抢答愿望之码的题目。"

校长抱着双臂，Milk也抱着双臂，校长

接着说："但是我要怎样才能让他们知难而退呢？烦啊！"

校长突然停步，用手挠挠头，Milk也停了下来，挠挠头。校长疑惑地看着Milk，问道："Milk，你干吗学我啊？"

Milk跟着重复校长的话："你干吗学我啊？"

校长怒道："不准学我！"

Milk也怒道："不准学我！"

校长火冒三丈，看着Milk忍不住大骂："你这个大头鬼……"突然，他灵机一动，打了个响指，发出了一阵奸笑声："嘿嘿！"

Milk看着校长阴险的表情，不禁打了个冷战。

游乐园大冒险

恐怖的声音

夜深人静的游乐园漆黑一片，残旧的游乐设施在暗淡的月色下显得格外阴森可怖。长长的滑梯空无一人，一只老鼠发出"吱吱"的声音，窜过破旧的旋转木马和随风摆动的生锈的摩天轮，溜进了国王等人居住的城堡内。

这时，"嗷呜——嗷呜——"的恐怖声音时断时续，弥漫了整个游乐园。

城堡内的一间卧室里，床上的被子高高隆起，被子里面的人瑟瑟发抖。

国王惊恐地从被子里面探出头来，用

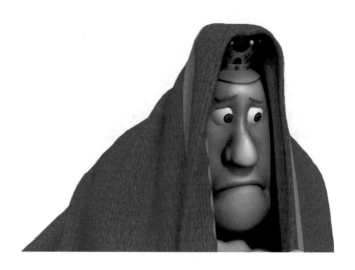

颤抖的声音大喊："快来人啊！加、减、乘、除，你们在哪里？"

突然，卧室的门被推开，一个高大威武的影子出现在房间的墙壁上。

国王犹如见到救星一样，开心地抬头一看，却愣住了，"花花，怎么是你？加、减、乘、除呢？"

花花回答："他们训练去了！"

国王满意地点点头，说："在我英明的领导下，他们变得越来越勤快了，不错不错。"

花花顺着国王的话说道："是的，我爸爸是最英明、最帅气的！"

　　想到刚才的恐怖声音，国王害怕地小声问道："花花，你妈妈是不是来了？我好像听到她的声音了！"

　　花花安慰道："爸爸，这可不是妈妈的呼噜声。妈妈的呼噜声是'呼噜！呼噜！呼噜……'"说着，花花模仿起妈妈的打呼声。

　　忽然，窗外又传来了那个恐怖的怪声："嗷呜——嗷呜——嗷呜——"。

国王连忙抱着花花躲进被子里面，两人害怕得浑身发抖。

花花小声地说："爸爸，你可是数学荒岛最帅气、最威武、最勇敢的国王，怎么能怕这个声音呢？"

听到女儿这么夸奖自己，国王假装镇定地说："我不是怕，我只是奇怪到底是谁这么晚发出这个声音，明天……明天我要把他抓起来。"

"嗷呜——嗷呜——嗷呜——"这个恐怖的声音好像越来越响了，国王和花花只好把被子捂得更紧。

花花哆嗦着说："爸爸，你太胆小了，今晚我陪你吧，给你壮胆。"

国王也哆嗦着说："好好好！我的乖女儿！"

分数与份数的转化

在数学学习中出现一个数是另一个数的几分之几，这个数通常被认为是这个分数的单位"1"，有时各个分数的单位"1"容易被混淆，这时候要转化思想，把分数转化为份数。

男生比女生多 $\dfrac{3}{8}$ ➡️

> 1. 男生是（11）份
> 2. 女生是（8）份
> 3. 全班是（19）份

例　题

有大、小两筐苹果，小筐苹果的重量是大筐的四分之一，如果从大筐中取出10.5千克苹果放入小筐，则两筐苹果的重量相等，大小两筐各有多少千克苹果？

小筐苹果看成1份，大筐苹果看成4份，两筐一共有5份，重量相等时各有2.5份。

小筐有10.5÷（2.5-1）=7（千克）

大筐有7×4=28（千克）

爷爷坐火车回老家，当火车开过全程的二分之一时，他开始睡觉，醒来时发现剩下的路程是他睡觉时火车走过路程的二分之一，那么他睡觉时火车行驶了全程的几分之几？

比妖怪更可怕的人

第二天一早，学校的教室内，罗克、依依、小强等人已经落座。同学们有的在嬉笑聊天，有的在看书写字，有的在打呼睡觉。

花花低着头，迈着沉重的步伐走进教室，她垂头丧气地走到正在聊天的罗克、依依、小强、UBIQ面前，没精打采地打了个招呼："早上好！"

小强疑惑道："咦，花花你不是早该到学校了吗？"

依依附和道："对啊，早上去喊你上学，你的房间里都没有人，我们都以为你早

来学校了！”

花花抬起头来，一对巨大的黑眼圈吓坏了大家。

罗克惊道："好大的一对熊猫眼啊！"UBIQ也不停点头。

花花没好气地回答道："别说了，我昨晚一夜没有睡！难道你们没有听到那个声音吗？"

依依和小强疑惑地相互看了一眼，异口同声地问："什么声音？"

花花很惊讶，回答道："就是那'嗷呜——嗷呜——'的声音啊！"

小强、依依又相互看了看对方，摇了摇头，说："真没有！"

罗克好像想到了什么，神神秘秘地问道："花花，难道你们听到的是……"罗克

故意做了一个可怕的鬼脸，两手像鬼爪一样乱抓。

小强立马躲到依依身后，颤抖着身体，害怕地说："好可怕！我们家里竟然有这种东西？"

依依揶揄道："胆小鬼！"

这时，上课铃声响起，班主任不知道什么时候站在了小强身后，她拍了拍他的肩膀，叫道："小强……"

小强突然被拍了一下，吓得整个人弹跳起来，大喊："救命啊！鬼呀！"

班主任没好气地摇了摇头，说："你们可别自己吓自己了，世界上哪有鬼？我们准备上课吧！"

大家各自回到座位上，班主任来到讲台上，定了定神，说："我们开始上课。今天问大家一个有趣的数学题吧。"

班主任一边在黑板上写题目，一边问："题目是这样的——小强和依依每人有一包糖，但是不知道每包里有几块。小强给了依依8块，依依又给了小强12块，这时两人的糖的块数正好一样。同学们，你们说原来谁的糖多，多几块？谁来回答这道题呢？"

班主任环顾四周，没有一个同学举手回答，甚至有的同学还躲避班主任的目光，生怕被点名。这时，班主任看见花花无精打采地趴在桌子上，就喊道："花花，你来回答这道题吧！"

花花迷迷糊糊地站起来，一脸茫然地说："我？老师，稍等一下。"说着，花花拿出一朵小花，开始撕花瓣，一边撕一边说："小强多，依依多，小强多，依依多……"

班主任感到一阵头痛，只好叫停："花

花，做数学题可不能用这样的方法哦！好吧，我们让罗克来解答。"

罗克无奈地耸了耸肩，站起来淡定地说："答案是依依原来的糖比小强的多了8块。"

班主任满意地点了点头，继续问道："那你是怎样算出来的呢？"

罗克答道："这还不简单。UBIQ！"UBIQ变成平板电脑飞到罗克手中。"小强给依依8块，就相当于依依多了16块；依依给小强12块，相当于依依少了24块，此时二人糖的数量相等，即依依原本比小强多24-16=8（块）。"UBIQ随着罗克的解说显示着算式。

听完罗克的解答，班主任拍掌称赞："回答得很好！我们继续上课吧。"

花花闷闷不乐地坐下，嘴里不服气地小声嘟囔："哼，这有什么了不起的，不是依依多，就是小强多啦！"

这时，一个纸团飞到花花的桌面上，

花花勉强睁开熊猫眼，朝纸团飞来的方向看去，只见依依探着头压低声音对她说："不如，今晚放学后，我们去探险吧？"

花花一时间没反应过来，问道："探险？"

一旁的罗克也探头加了进来，插嘴问道："到哪里去探险？"

依依打了个响指，得意地说："游乐园！"花花马上开心地赞成："太好了！顺便把吵我睡觉的家伙找出来！"

小强颤抖着声音拒绝："呃……今天放学，我还要帮国王打酱油呢，我就不……"

依依盯着小强，手里甩着抹布，威胁道："你敢不去，就别怪我对你不客气了！"小强迫于依依的威胁，只好屈服了。

依依接着问罗克："你今晚不会也要去打酱油吧？"

罗克咽了一下口水，说："今天好像挺忙的，我可能要……"

依依准备把抹布丢到罗克脸上的时候，

他马上补充道："要和你们一起去探险啊！"

依依收起抹布，满意地点了点头。

小强偷偷挪到罗克的身旁，小声对他说："我发现依依比妖怪更可怕！"罗克不停点头，表示赞同。

另一边，花花不知道什么时候又拿出一朵花，撕起花瓣来，一边撕一边念叨："抓得到，抓不到，抓得到，抓不到，抓得到……啊！抓不到！不行，重来。"得到不是自己想要的结果，花花又拿出一朵新的花朵，接着念叨："抓得到，抓不到……抓得到！"花花兴奋的呼喊声吸引了全班同学的目光，但她毫不在乎。

还原问题

班主任写的题目属于还原问题，解答还原问题一般采用倒推法，这类问题是训练逆向思维和培养推理能力的好素材。

例　题

罗克有一个大书架，分上中下三层，共有498本书，如果从上层搬4本书到中层，又从中层搬10本书到下层，那么书架的上中下三层的图书本数相等，你能求出原来上中下三层各有多少本书吗？

方法点拨

最后三层书的数量相同，都是498÷3=166本。

从最后情况开始逆着把每一步的量进行还原，

还原过程如下：

	上层/本	中层/本	下层/本
最后结果	166	166	166
第二次搬书前	166	176	156
第一次搬书前（原来）	170	172	156

列式如下：

下层：166−10=156（本）

中层：166+10−4=172（本）

上层：166+4=170（本）

牛刀小试

　　三棵树上停着36只鸟，如果从第一棵树上飞6只到第二棵树上去，再从第二棵树上飞4只到第三棵树上去，那么这三棵树上小鸟的只数相等，原来每棵树上分别有多少只鸟？

一起去探险喽！

下课铃声响起，池塘里的青蛙呱呱叫着："放学了！放学了！"

等到夜幕降临，罗克、依依、花花、小强一行人走在破旧的游乐园中，恐怖的声音依然环绕四周："嗷呜——嗷呜——"生锈的摩天轮在风中轻轻摇晃，发出"吱呀"的响声，掉了颜色、面目残破的旋转木马显得格外吓人。这时，罗克一行人还没有发现，有两个神秘的黑影暗中跟着他们。

小强走在队伍的最后，他环顾四周，突然发现一个鬼鬼祟祟的黑影缩到游乐园的一

个角落里。小强赶紧叫住大家："等等！"

罗克转身，问道："小强，怎么了？"

小强指着那个角落，害怕地说："那里……好像有人。"

花花一听，马上躲在罗克背后，紧张地问："啊？在哪里？"

"哪里有人？"依依镇定地向前一步，四处查看了一下，"没有人啊！"

听到依依的话，花花从罗克的背后跳出来，抱怨道："小强，你别吓唬人好不好？"

小强一脸委屈地解释："我真的看到有人，你们相信我吧！"

罗克拍了拍小强的肩膀，安慰他说："好了好了，你这是心理作用，你要勇敢点儿啊！"旁边的UBIQ也点头表示同意。

众人继续前行，小强用力把流下来的鼻涕吸了回去，鼓起勇气说："今天作业还挺多的，不如我们回家做作业吧？"说完，小强转身就要走。

谁知依依一把揪住小强的衣领，拿出抹布，威胁他说："少废话！跟我们走！"

　　花花也上前拉着小强，说："连我这么可爱的公主都敢去探险，小强你好意思退缩吗？"

　　UBIQ点头表示同意。

　　罗克附和道："小强，连UBIQ都笑你了，争点气啊，我们可不能输给女生哦。"

　　面对大家的要求，小强郁闷得快要哭了，说："今天班主任布置了一道超级难的数学题，我可能要通宵才能做出来啊！"

　　依依叹气，无奈地说："什么数学题？你现在说出来，让罗克帮你好了！"

　　小强听到依依的话很开心，立即打开书包拿出作业本，递给罗克，说："就是这道题，你看看。"

　　罗克无奈接过作业本，说："好吧，我帮你看看。"

　　作业本上的题目是这样的：小帆和两个

小伙伴在田野挖洞，洞的大小完全相同。小帆与小文合作时，他们挖一个洞用了4天；小帆与小奇合作时，他们挖一个洞用了3天；小文与小奇合作时，他们挖一个洞用了2天。那么，小帆单独工作时挖一个洞要用几天呢？"

罗克看着题目，认真地思考起来，不一会儿，他说："这个问题嘛，我需要UBIQ帮忙。"

UBIQ迅速变成平板电脑飞到罗克的手中，罗克一边写下计算公式，一边解说："用一天时间，小帆和小文能挖$\frac{1}{4}$个洞，小帆和小奇能挖$\frac{1}{3}$个洞，小文和小奇能挖$\frac{1}{2}$个洞。我们假定小帆有一个孪生兄弟，如果他完成的工作量与小帆完全一样，那么小帆、小帆的孪生兄弟、小文和小奇4个人合作一天，他们将挖（$\frac{1}{4}+\frac{1}{3}$）个洞，即$\frac{7}{12}$个洞。由于小文和小奇合作，每天能挖$\frac{6}{12}$个洞，所以小帆与他的孪生兄弟每天能挖$\frac{1}{12}$个洞。由

此可以知道小帆单独工作的话，一天能挖 $\frac{1}{24}$ 个洞。所以小帆要用24天才能挖1个洞。"

小强听完之后，一脸仰慕地看着罗克："哇，罗克你太厉害了！"

"嘿嘿，这有什么难的！"罗克一脸得意。

这时，不远处又有奇怪的声音传来，众人大惊，立刻缩成一团。

罗克仔细地听着，循着声音传来的方向看过去，只见阴暗的角落里有一间小木屋，他指着小木屋说道："你们听，声音好像是从那间小木屋传出来的。"

众人点头，一起慢慢地向小木屋靠近。

奇怪的声音越来越明显了，花花推着小强向前，说："小强，现在锻炼你胆量的时候到了，你去开门！"小强拼命抓住罗克一动不动。

依依佯装淡定地走上前说："看我的！"然后一鼓作气冲向小木屋，对着门口

狠狠地踹了一脚。

在依依的猛烈"攻击"下，原本已经摇摇欲坠的小木屋抖了几下后，"砰"的一声巨响，散架了，小木屋的四面墙同时向四周倒下，扬起一片烟尘。

众人急切又小心地查看小木屋里面的情况。待烟尘散去后，只见坐在马桶上一边看报纸一边方便的国王一脸震惊地看着他们。而之前那个奇怪的声音，就是他用力方便时发出来的。

众人愣住了，异口同声地说："国王？"

85

受到惊吓的国王看到这么多人站在他的面前，立刻用报纸挡住了自己的身体，怒道："呀！你们干吗？难道不知道进门之前要敲门吗？"

依依尴尬地道歉："呃，不好意思，打扰了，您继续吧！"

"讨厌！"国王骂了一句，然后举起报纸，继续一边看，一边方便。罗克等人也转身离开。

这时，那个"嗷呜——嗷呜——"的可怕声音又响了起来。

花花抖了抖浑身的鸡皮疙瘩，问道："可恶！那个声音到底是哪里传出来的？"

罗克说："这次让UBIQ出马吧！"

UBIQ发出"嘟嘟嘟"的声音，屏幕上出现一个喇叭状的符号，符号不停跳动，时快时慢。

罗克跟大家解释道："它在探测声音的来源。"

这时，UBIQ屏幕上的符号突然停止跳动，随即屏幕上出现一个箭头，指向他们右手边的一条阴暗小路。

罗克说："我们过去看看吧！"众人点头，一起向着小路走去。

工程问题

在工程问题中，一般会出现三个量：工作总量、工作时间（完成工作总量所需的时间）和工作效率（单位时间内完成的工作量）。

这三个量之间有下述一些关系式：

工作效率×工作时间＝工作总量

工作总量÷工作时间＝工作效率

工作总量÷工作效率＝工作时间

通常把工作总量看成一个整体，用"1"来表示。

例 题

小帆和两个小伙伴在田野挖洞，洞的大小完全相同。小帆与小文合作时，他们挖一个洞用了4天；小帆与小奇合作时，他们挖一个洞用了3天；小文与小奇合作时，他们挖一个洞用了2天。那么，小帆单独工作时挖一个洞要用几天呢？

这里除了用到工程问题的基本数量关系，还用到了整体思考方法。

用一天时间，小帆和小文能挖 $\frac{1}{4}$ 个洞，小帆和小奇能挖 $\frac{1}{3}$ 个洞，小文和小奇能挖 $\frac{1}{2}$ 个洞。小帆+小文+小帆+小奇+小文+小奇一天的工作总量是 $\frac{1}{4}+\frac{1}{3}+\frac{1}{2}=\frac{13}{12}$，仔细观察，发现这里小帆、小文、小奇都重复了一次，所以三个人一天的工作总量是：$\frac{13}{12}\div 2=\frac{13}{24}$。

而小文和小奇一天能挖 $\frac{1}{2}$ 个洞，所以小帆单独工作的话，每天能挖 $\left(\frac{13}{24}-\frac{1}{2}\right)$ 个洞，即 $\frac{1}{24}$ 个洞，挖一个洞要用24天。

牛刀小试

一项工程，甲单独完成要50天，乙单独完成要70天。现在先由甲做1天，然后由乙做2天，再由甲做3天，接着由乙做4天……两人如此交替工作，完成这项工程共需多少天？

奇怪的冒险屋

众人按照UBIQ屏幕上的箭头指向沿着小路一直前行，两边的树木越来越多，显得更加阴森可怕。他们好不容易走到小路的尽头，发现前面有一座破旧的房子。房子上还挂着一块残缺的牌子，上面写着"冒险屋"三个字。UBIQ屏幕上的箭头，就指向这里。

罗克说："看来是这里了。"

依依推测道："这个冒险屋这么破旧，应该好久没有人来过了吧？"

小强双腿发抖，弱弱地问道："你们确定要进去吗？好像有点可怕哦！"

　　花花经过之前的一场闹剧后放松了许多，说："不怕，我们一起进去吧！"

　　小强却还是老样子，害怕地想拒绝，"啊？能不能不进去啊？"

　　依依鼓起勇气说："走吧！有我在，怕什么！"说完，依依一把拎起小强，带头进入冒险屋，罗克、UBIQ和花花跟在后面。

　　众人全部进入屋内的一刹那，突然一道石门"砰"的一声从上面降下来，把众人身后

的入口堵上了。

正当大家慌乱时，门上出现了两个黑影，甚是诡异。

周期问题

花花喜欢撕花瓣占卜，去冒险屋之前，她也通过撕花瓣来决定进不进去，"进去，不进去，进去，不进去，进去……"。花花的撕花瓣行为也暗藏着数学规律——周期问题。什么是周期问题，简单说周期问题就是"周而复始有规律"。

例 题

花花撕花瓣占卜时，每说一个字就撕一片花瓣，问：花花撕了100片花瓣时说的是哪个字？这个字一共说了多少次？

方法点拨

花花的念叨是有规律的，按"进去，不进去"5个字为周期重复着。

由于100÷5=20，所以念到100个字的时候已经重复了20个周期。

"进去，不进去"最后1个字是"去"，而每个周期中有2个"去"字，所以"去"这个字一共说了 $2 \times 20 = 40$（次）。

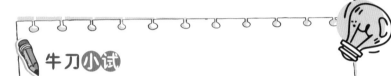

牛刀小试

2019年3月8日是星期五，请问7月1日是星期几？

幽灵也怕火

石门突然降下，把冒险屋内的罗克、小强、花花和依依吓了一大跳。

黑暗中，小强抓着罗克不停地大喊："哎呀！怎么门自己关了？我们怎么出去啊？这里好黑啊！好可怕啊！"

依依被小强吵得不耐烦，吼道："小强，你安静一下！"

罗克立刻让UBIQ变成了手电筒，他拿着手电筒照亮了四周，四人的心这才稍微安定下来。

这像是一个矿洞，在他们面前有一条长

长的铁轨和几个洞口。众人小心翼翼地沿着铁轨往前走着。

依依忐忑不安地问："这里不会真的有幽灵吧？"

罗克安慰道："怎么可能呢！"

小强搂着花花，带着哭腔说："花花公主，你可要保护我啊！"

花花推着小强说："你站前面，我在后面保护你。"

小强不太相信花花的话，指着她的腿问："但是花花，你的腿怎么在发抖啊？"

花花又怕又气地说："你不说话，没人把你当哑巴！"花花准备回头教训小强的时候，一个带着可怕笑脸的南瓜头突然从她的眼前飞过。花花目瞪口呆，吓得一时喊不出话来。

另一边，一只披着黑布的"幽灵"慢慢地飘到小强的身后，拍了拍他的肩膀。

小强疑惑地问道："罗克，你拍我干吗？"

此时站在小强、花花前面的罗克说："我没有拍你啊！"

"幽灵"又拍了拍小强的另一边肩膀。小强转头，看见身后的"幽灵"，惊恐地大叫起来："啊！幽灵啊！"

花花也回过神来，大喊道："妖怪啊！"

花花、小强迅速躲到依依的身后。依依单手甩着抹布，挡在两人的前面，帅气地说道："幽灵在哪里？看我怎么对付它！"

但这时，"幽灵"和飘浮的南瓜头已经不知去向了。

矿洞的暗处，Milk驮着校长，披着黑布，躲在石头的后面。原来这一切都是校长搞的鬼。

Milk抱怨道："重死了！校长，你个子小小的，怎么这么重啊！"

"什么？你还嫌我重，我的身材可是很标准的！"校长自信地反驳道，"好了，别废话，我们继续吧！"

此时，罗克他们这边，依依喊了很久都没有把"幽灵"喊出来，但是他们的周围却出现了飘浮着的淡绿色火苗。

依依疑惑道："怎么会有火飘在空中？"

小强哭得鼻涕眼泪都流了出来，结结巴巴地说："这……这……这不是鬼火吗？我都说了，叫你们别来了！"

花花也瑟瑟发抖地说："不如，我们赶紧走吧！"

"不，先别走。"罗克说道，"这事有点奇怪，UBIQ，你说呢？"UBIQ拼命地点

头，表示同意。

罗克朝着黑暗处放声大喊："到底是谁在那儿装神弄鬼？"

躲在暗处的校长得意地小声和Milk说："嘿嘿，Milk，你看他们害怕的样子多搞笑，真是太好玩了。"

Milk附和道："是是是，很好玩，但只有你自己一个人玩，太没意思了。"

校长从一个袋子里拿出一把磷粉撒在空中，磷粉一下子就变成了一束束小小的淡绿色火苗。

校长得意地对Milk说："看到没有，磷粉遇到空气就会自燃，变成吓人的鬼火。"他边把袋子递给Milk边说："来，给你玩一下，帮我撒多一些。"

Milk和校长拼命地往空中撒磷粉，两人玩得得意忘形。谁知磷粉撒得太多，一束火苗落在他们披着的黑布上，烧着了。

Milk用力地吸了吸鼻子，空气中弥漫着

一丝奇怪的味道，他问道："校长，你闻到什么味道了吗？好难闻呀！"

校长惊讶，心想：难道他发现我刚才偷偷放屁了？校长担忧之际，黑布已经飘起了烟。

Milk大惊，"啊！校长，快看我们脚下！"

校长低头一看，只见黑布的下方已经烧了起来，他吓得从Milk的肩膀上摔了下去，大喊："救命啊！"

罗克、依依等人听到校长的呼救声，吓了一跳。

依依疑惑地问："咦，幽灵竟然会喊救命？"

"我们过去看看。"说着，罗克向校长那边跑了过去，其他人连忙跟上。

浓烟一直往上升，房子上方的消防感应器响起了警报声，随即洒出水来，把校长和Milk身上的火浇灭了，飘在半空中的鬼火也一起消失了。

校长生气地责怪Milk："都怪你，撒这么多干吗？"

Milk很是郁闷，反驳道："还不是你下的命令！"

这时，依依等人跑到校长和Milk身边，罗克冲上前去，一下子掀掉他们身上的黑布，说："让我看看你的真面目吧！"

谁知掀开黑布后，罗克一行人看到的是一张吓人的小丑面具。众人吓了一大跳，退后数步。罗克不忿地说道："啊？还有一张面具？"

原来，就在黑布被揭开的一刹那，校长快速地戴上了一张面具，而Milk及时隐身，没有被罗克他们发现。

面具下的校长得意地伸出舌头，朝罗克做了一个鬼脸，然后拉着隐身的Milk转身就跑。

分段收费问题

你知道生活中水费、电费、打车费的收取标准吗？这些收费遵循一个共同的原则：分段收费。

例 题

某市为了鼓励居民节约用电，对用电的收费标准作如下规定：每月用电量不超过200度（含200度）的，每度电收费0.45元；每月用电量超过200度的，超过部分每度电收0.65元。小强家6月30日电表度数是781.5度，7月31日电表度数是1049.5度。小强家7月份应交电费多少元？

方法点拨

此题收费标准分为两段，前200度按每度0.45元的标准收费，超过200度的部分按每度0.65元标准收费。

从电表度数可知7月用电：1049.5-781.5=268（度）

超过200度的部分为：268−200=68（度）

200×0.45+68×0.65=134.2（元）

牛刀小试

在一个停车场停车一次至少要交费8元。如果停车时间超过3小时，每多停一小时要多交4.5元，不足一小时按一小时计费。一辆汽车在离开时交了44元，这辆车最长停了多长时间？

飞跃吧！煤矿车

"追！"罗克连忙招呼大家跟上去。

依依紧随在后，喊道："别让他们跑了！"

小强和花花互相看了一眼，然后跟在罗克和依依身后追了过去，异口同声地大喊："等等，别丢下我们！"

校长和Milk跑到一段残旧的铁轨前，迅速跳上一辆摇摇晃晃的煤矿车，操纵煤矿车顺着铁轨飞速前进。

煤矿车上，校长转身对追上来的罗克等人又做了一个鬼脸，得意地说："嘿嘿，有本事就跟上来呀！"

"可恶!"罗克气愤地砸了下拳头。

花花指着铁轨上的另一辆煤矿车,说:"那里还有辆车!"

罗克立刻跑了过去,兴奋地说:"太好了!"

众人跳上煤矿车,罗克快速拉下车上的控制杆,残旧的煤矿车逐渐加速,追赶着前面校长乘坐的车。虽然他们的车跑得飞快,但要追上校长那辆车,还要加快速度。

这时,UBIQ变回机器人的形态。它伸出右手,右手变成一个探测器,向校长乘坐的车发射红外线。

依依疑惑地问道:"UBIQ在干吗?"

"它在探测前面那辆车的速度。"罗克解释道。

红外线探测的信息反馈在UBIQ的屏幕上,上面显示"20千米/时"。

依依问大家:"现在前面的煤矿车已经开出100米,速度是20千米/时,如果我们把车速

提到前面的车的两倍，即40千米/时，我们要多久才能追上前面的车？"

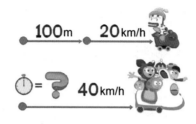

罗克立刻答道："这太简单了，答案是18秒！"

缩在一旁的花花怀疑地问："罗克，你是怎样算出来的？"

罗克自信满满地回答道："你们听好了！设追上前面的车所用时间为t小时，可以列出等式$20\,000t+100=40\,000t$，解出$t=0.005$小时，然后把小时换算成秒，就是$0.005\times60\times60=18$（秒）。"

听完罗克的解题方法，依依、花花、小强点点头，表示自己听懂了。

依依问道："既然现在我们知道时间了，接下来要怎么做呢？"

罗克自信地说："那就简单了！UBIQ，变成动力助推器吧！"

UBIQ一跃而起，变成一个动力助推器，安装在煤矿车的后面，助推器喷出加速火焰，煤矿车像过山车一样飞快地前进。

罗克兴奋地坐在车头大喊："UBIQ，好样的！"

但是依依、小强和花花却不太好受了。

车子越来越快，风呼呼地吹，依依的头发被风吹得向后翻动，小强的鼻涕也随风四处飘散。

花花双手紧紧抓住扶手，被风吹得流出眼泪，她慌乱地大喊："UBIQ！慢点！慢点！我最讨厌坐过山车了！"

这时，罗克他们的车终于要追上校长的车了。

罗克对着前面的车大喊："喂！追上你们了！乖乖投降吧！"

两辆煤矿车越来越近，但校长一脸淡定地说："嘿嘿，想抓我？没那么容易！"

说着，校长突然拉动铁轨边的改道手柄，让自己这辆煤矿车快速转换到另一条铁轨上行驶。

等罗克赶上去想切换轨道的时候，却已经错过了时机。

就这样，罗克一行人只能郁闷地看着校长得意扬扬地吹着口哨扬长而去。

罗克不忿地说道："可恶！差点就追上他们了。"

还没有等罗克冷静下来，他们的煤矿车已经冲出了矿洞，行驶在一个露天的轨道上。众人定睛一看，原来这真的是游乐园里的过山车。他们在高高的铁轨上往下看，眼前是一个又一个急转直下、翻转回旋的超级弯道。

车子加速前进着，花花捂住眼睛大喊："啊！果然是我最不喜欢的过山车！"

但罗克和依依却觉得非常刺激好玩。

小强看着前方，忽然露出了害怕的表情，颤抖着指着前方说："不……不好了，大……大家看……"

大家顺着他指的方向一看，只见前方50

米处悬空的地方有一处铁轨断裂，间隔了1米左右。众人大惊失色。

依依害怕地喊道："罗克，快让车子停下来啊！"

罗克神情凝重地说："来不及了！"

花花大喊："那怎么办啊？"

"那我们就飞过去！"罗克心一横，大喊，"UBIQ，把速度加到最快！"

UBIQ变成的动力助推器突然喷出一道红色的火焰，煤矿车"嗖"地一下极速冲向

前方，径直冲出轨道，飞到了半空中。

罗克、依依、花花和小强四人惊呼，眼看就要飞到对面轨道，结果在半空中煤矿车突然向下掉落。

千钧一发之际，UBIQ瞬间变回了机器人形态，伸长双手，抓住对面的铁轨边缘，双脚钩住车子，将它甩上了轨道。众人终于顺利度过了危机。

罗克松了口气，拍拍胸口说："太惊险了！"

花花很生气，发誓说："如果我抓到那个戴面具的小丑，一定要罚他坐十次过山车！"

这时，罗克等人的车子行驶到轨道尽头，尽头停着一辆空的煤矿车，是刚刚校长乘坐的车。

依依疑惑地问："人呢？怎么不见了？"

花花昂起头，说："哼！肯定是怕了我，跑了呗。"

小强小声地吐槽道："刚才不知道是谁

快要吓哭了！”

　　花花狠狠地瞪了小强一眼，说：“就你多嘴！”

　　“他们应该还没有走远，我们追！”罗克一边说着，一边朝着出口跑去。

　　依依、花花、小强连忙跟上。

追及问题

追及问题和相遇问题是行程问题中比较经典的两种题型。追及问题是同一方向上的一前一后，后者不断缩短与前者的差距，最后终于追上。追及问题最常用的公式是：路程差÷速度差=追及时间，除了公式法，方程法也是常用的方法，方程法常用的数量关系是追上时前者、后者的路程相等。

不论哪种方法都要特别注意单位统一。

例 题

两辆煤矿车正在追逐，前面煤矿车的速度是20千米/时，且已经开出100米，如果把后面煤矿车的车速提到前面的车的两倍，即40千米/时，后面的车要多少秒才能追上前面的车？

在计算这道题时，除了罗克用的方程法，还可以用公式法。计算时需要注意时间和距离的单位换算。两辆煤矿车路程差为100米，速度差为（40千米/时-20千米/时），即20千米/时。追击时间为：（100÷1000）÷20=0.005（时）=18（秒）。所以只需要18秒后面的车就可以追上前面的车。

牛刀小试

甲、乙两辆巴士从A地出发到B地，甲巴士每小时行60千米，乙巴士每小时行45千米，甲巴士在乙巴士出发后20分钟才出发，问甲巴士要经过多少时间才追上乙巴士？

魔镜魔镜

罗克一行人追到矿洞出口处，刚走了两步，突然感觉脚下一空，大家都掉进了一个坑里。

这个坑下面是一条长长的地下隧道。

在这个隧道内，他们像坐滑梯一样一直向下滑去。"啊——"众人的惊呼声响遍了整条隧道。

不知过了多久，他们掉进了一个奇怪的房间里面，四人惊魂未定地抬头一看，只见房间四面摆着各种各样的镜子。

罗克摸了摸脑袋爬起来，疑惑地问道：

"这是哪里啊？"

小强望了下四周，摸着房间里的镜子说："咦，怎么到处都是镜子啊？"

这时，花花回过神来，站在镜子前面摆着各种姿势，美滋滋地说："嘿嘿，爸爸在这里的话一定开心死了！"

依依看着房间里的各种镜子，感到一阵不安，于是问罗克："罗克，你有没有觉得这里很奇怪？"

罗克连忙点头，"赞同！"

UBIQ也不停地点头，屏幕上还显示出"小心！小心！"的字样。

罗克温柔地拍了拍UBIQ的脑袋，安慰它说："放心，UBIQ，我们会注意安全的。"

当花花沉醉于照镜子的时候，她的头发突然被人扯了一下。花花一惊，立刻问道："是谁扯我的头发？"

紧接着，罗克也突然被人拍了一下脑袋，"是谁拍我的脑袋？"

大家还没有反应过来的时候，又听到了小强的声音，"啊！你们看，镜子里面怎么有人？"小强指着面前的镜子，惊讶地问道。

大家立刻朝小强指的镜子看去，镜子里面竟然出现了那个他们一直在找的戴着小丑面具的人。

他们还不知道，刚刚扯花花头发、拍罗克脑袋的就是隐身的Milk。

"这面镜子也有！"

"这里也有！"

众人环顾四周，镜子里全都有小丑的身影。

罗克一时不知所措，慌张地说："到处都是他！"

"哈哈哈哈！"校长的奸笑声从四面八方传来。他在镜子里面得意地说："这次只是给你们一个小小的教训，劝你们以后不要多管闲事！"

　　花花暗暗给自己壮了壮胆，上前一步质问道："你这个丑八怪到底是什么人？"

　　校长的笑容僵住了，他生气地反驳说："什么丑八怪？你居然说我丑？我明明是这个小镇最帅的校长！"校长突然意识到自己说漏了嘴，赶紧用手捂住嘴巴。

　　罗克他们惊愕地看着小丑，异口同声地问道："校长？"

　　"什么校长，我才没说我是校长！嘿嘿，有本事就来揭开我的面具啊！"校长连忙否认。

"好！那就让我看看你到底是谁！"花花快步冲上前去，结果"砰"的一声，撞到了镜子上。"哎呀！"花花痛得捂住额头，大喊起来。

罗克认真地观察着四周，问道："UBIQ，这么多镜子，你知道他藏在哪面镜子后面吗？"

UBIQ点头，举起右手，变成热能探测器去扫描镜子。UBIQ在其中一面镜子处扫到了两个红色的热源，立刻指着那面镜子，发出"嘟嘟嘟"的声音。

罗克露出笑容，说："找到你了！大家追！"说着，罗克一马当先地冲了过去。

"不好！"校长发现自己的位置暴露了，立刻和隐身的Milk一起从镜子后面跑出来，向旁边的一道暗门逃去。

"原来那里有出口！别让他跑了！"罗克一边喊，一边带着依依等人追了上去。

校长和Milk逃到了一门礼炮旁，校长冷

笑一声，说："幸亏我早有准备！"说着，他快速地爬上礼炮，钻进了炮口，然后往外探出半个身子，命令Milk："Milk，快点火！"

"是！"Milk拿出打火机，点燃了礼炮的引线。

原来，校长是打算用礼炮把自己发射出去。

这时，罗克、依依等人追来，依依看到这个情况，立刻甩动手中的抹布，朝校长的脸扔了过去："想逃？看我的！"

校长一手接住抹布，狠狠地甩掉，不耐烦地说："哼，小把戏！我没时间陪你们玩

了……哎呀，怎么回事？"

突然，校长的身体好像被人不停地往里面挤压一样，奇怪地扭来扭去。原来是隐身的Milk点燃引线后，也要挤到炮口里面，和校长一起飞走。

校长烦躁地叫道："Milk，别挤！别挤！"

罗克惊讶地问："Milk？那么你真的就是校长了？"

校长意识到自己又说漏嘴了，尴尬地说："呃……讨厌！居然被你们认出来了！"

花花生气地骂道："果然是校长！太可

恶了！我要让爸爸把你抓起来。"

校长做了个鬼脸，一脸得意地说："嘿嘿，来啊，来啊，有本事就来抓我！"

罗克、依依和花花准备冲向礼炮的时候，UBIQ突然伸手拉住了他们。

罗克疑惑地看着它，问："UBIQ，怎么了？为什么拦住我们？"

UBIQ的屏幕上显示出"危险"两个字，然后它又指着引线，只见大炮的引线已经要烧到底了。

罗克立刻紧张地大声喊道："危险！大家快趴下！"

大家迅速趴在了地上，只听见"砰"的一声巨响，校长和Milk被发射了出去。

罗克等人站起来，看着两人的身影越飞越高、越飞越远，远处还隐约传来他们的叫声。

"Milk，降落伞呢？你是不是忘记拿了？"

"不是你负责拿吗？"

这时，天空中出现了漂亮的烟花，在黑色夜幕的衬托下，烟花显得格外漂亮。

花花看着烟花赞叹道："哇，好美啊！"

依依摇头，叹了口气道："可惜让校长他们逃走了！"

"没关系，至少现在知道是他们搞的鬼，以后你们就不用再害怕什么幽灵了。"罗克满意地说。

小强突然指着礼炮旁边的包裹说："咦，这是什么？"大家打开一看，原来是校长他们落下的两顶降落伞。

罗克和他的小伙伴们看着美丽的烟花，开心地大笑了起来。

镜子中的数学

正常照镜子的时候，镜子外面的人和镜子里面的像形成镜面对称，镜面对称的一个特征是左右相反如下图，虚线代表镜子，镜子外的人（左侧）用右手拿瓶喝水，镜子里的人（右侧）却是用左手喝水。

例 题

右图是罗克从镜子中看到的钟表，你知道此时真正的时间是多少吗？

镜子中看到的钟表与实际的钟表是左右对称的，即看到的右边实际是左边。以12点与6点的连线为对称轴，作时针和分针关于这条直线的对称图形，所以准确时间是11:00。

平时做题还可以通过镜子去看"镜子里看到的钟面"，或者将纸反过来，迎着阳光看，也能看出实际的时间，你可以试试。

牛刀小试

左图是从镜子中看到的钟面，实际时间是多少？

参考答案

城堡新家

2. 备受困扰的罗克

【荒岛课堂】点数与列式计算

【答案提示】

可一天天数。也可列式计算：20-2+1=19（天）

3. 电视争夺战

【荒岛课堂】分数应用题

【答案提示】

首先明确女生占全校人数的九分之五。

设荒岛小学一共有x个学生，列方程得：

$$\frac{5}{9}x - \frac{4}{9}x = 60$$

$$解得 \quad x=540$$

4. 地球人眼中的外星人

【荒岛课堂】等差数列求和问题

【答案提示】

先要想清楚一共有50个数，可以配成25对，（1+99）×50÷2=2500。

5. 破旧的游乐园

【荒岛课堂】求圆的周长

【答案提示】

方法提示1：实线分为三部分，两个小半圆组成一个小圆，算一个小圆周长；一个大的半圆，算半个大圆周长。

$3.14×8+3.14×2×8÷2=50.24$

方法提示2：更进一步观察，两个小半圆的周长=大半圆的周长，实线总长=一个大圆的周长。

6. 进入城堡大门

【荒岛课堂】公倍数与最小公倍数

【答案提示】

按题意分棒棒糖，甲、乙、丙三组同学分别能分到20、15、12根棒棒糖，所以棒棒糖的总数一定是这三个数的公倍数。

先求出这三个数的最小公倍数是60，因为棒棒糖的总数大约但不超过200根，所以60×3=180（根），符合题意。

● 7. 藏在城堡里的怪物

【荒岛课堂】列车相遇

【答案提示】

这里没有告诉我们路程是多少，可以假设一个路程，全程可以假设一个具体数据，也可以用一个字母来代替。两种假设的方法都可以试试，答案是每小时96千米。

游乐园大冒险

● 1. 恐怖的声音

【荒岛课堂】分数与份数的转化

【答案提示】

这道题可以反过来想，先把剩下的路程看作1份，睡觉走过的路程为2份，剩下和睡觉走过的一共

有3份。全程就是6份。

所以睡觉走过的路程为六分之二，也就是三分之一。

2. 比妖怪更可怕的人

【荒岛课堂】还原问题

【答案提示】

还原方法：

第一棵树上有36÷3+6=18（只）

第二棵树上有36÷3+4−6=10（只）

第三棵树上有36÷3−4=8（只）

3. 一起去探险喽！

【荒岛课堂】工程问题

【答案提示】

用尝试探究法，逐步计算不断接近整体"1"。

$$\frac{1}{50}+\frac{2}{70}+\frac{3}{50}+\frac{4}{70}+\frac{5}{50}+\frac{6}{70}+\frac{7}{50}+\frac{8}{70}+\frac{9}{50}+\frac{10}{70}=$$

$$\frac{1}{2}+\frac{3}{7}=\frac{13}{14}$$

$\frac{4}{50}$是分母为50，大于且最接近$\frac{1}{14}$的数，故甲再做

4天就能完成这项工程。所以完成这项工程一共需要1+2+3+4+5+6+7+8+9+10+4=59（天）。

4. 奇怪的冒险屋

【荒岛课堂】周期问题

【答案提示】

每星期有7天，按7天为一周期重复。这里有一个算天数和周期的统一问题，意思就是：如果天数计算包括了3月8日这一天，那么周期就从星期五开始，即星期"五六日一二三四"按这样的周期重复；如果天数计算不包括3月8日这一天，周期就从星期六开始。

这里天数的计算包括3月8日这一天，见如下表格：

月份	3月	4月	5月	6月	7月	合计
天数	24天	30天	31天	30天	1天	116天

$116 \div 7 = 16 \cdots\cdots 4$

从余数4知道，7月1日在第17个周期中的第4个位置，即星期一。

5. 幽灵也怕火

【荒岛课堂】分段收费问题

【答案提示】

11小时。

6. 飞跃吧！煤矿车

【荒岛课堂】追及问题

【答案提示】

60千米/时=1千米/分，45千米/时=0.75千米/分

0.75×20=15（千米）

15÷（1-0.75）=60（分）

所以甲巴士要经过60分钟才追上乙巴士。

7. 魔镜魔镜

【荒岛课堂】镜子中的数学

【答案提示】

实际时间是4:30。

数学知识对照表

图书在版编目（CIP）数据

罗克数学荒岛历险记. 3，游乐园大冒险／达力动漫著. —广州：广东教育出版社，2020.11（2021.8 重印）

ISBN 978-7-5548-3307-0

Ⅰ.①罗… Ⅱ.①达… Ⅲ.①数学－少儿读物 Ⅳ.① O1-49

中国版本图书馆 CIP 数据核字（2020）第 100216 号

策　　划：陶　己　卞晓琰
统　　筹：徐　枢　应华江　朱晓兵　郑张昇
责任编辑：李　慧　惠　丹　尚于力
审　　订：苏菲芷　李梦蝶　周　峰
责任技编：姚健燕
装帧设计：友间文化
平面设计：刘徵羽　钟玥珊

罗克数学荒岛历险记　3　游乐园大冒险
LUOKE SHUXUEHUANGDAO LIXIANJI　3　YOULEYUAN DAMAOXIAN

广东教育出版社出版发行
（广州市环市东路472号12-15楼）
邮政编码：510075
网址：http://www.gjs.cn
广东新华发行集团股份有限公司经销
广州市岭美文化科技有限公司印刷
（广州市荔湾区花地大道南海南工商贸易区A幢　邮政编码：510385）
889毫米×1194毫米　32开本　4.5印张　90千字
2020年11月第1版　2021年8月第2次印刷
ISBN 978-7-5548-3307-0
定价：25.00元

质量监督电话：020-87613102　邮箱：gjs-quality@nfcb.com.cn
购书咨询电话：020-87615809